10分钟爱上科学 2

奇妙科学大探索

张永佶 著

U0322531

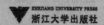
ZHEJIANG UNIVERSITY PRESS
浙江大学出版社

本书通过四川一览文化传播广告有限公司代理，经文房文化事业有限公司授权出版
中文简体字版

图书在版编目（CIP）数据

奇妙科学大探索 / 张永佶 著． —杭州：浙江大学
出版社，2014.7
（10分钟爱上科学；2）
ISBN 978-7-308-13322-7

Ⅰ.①奇…　Ⅱ.①张…　Ⅲ.①科学知识–普及读物
Ⅳ.①N49

中国版本图书馆CIP数据核字（2014）第118826号
浙江省版权局著作权合同登记图字：11-2004-99号

奇妙科学大探索

张永佶　著

丛书策划	张　琛　赵　坤
责任编辑	张　琛
责任校对	张远方
封面设计	曹思予　谢就宇
出版发行	浙江大学出版社

（杭州市天目山路148号　邮政编码 310007）

（网址：http：//www.zjupress.com）

排　　版	杭州金旭广告有限公司
印　　刷	杭州杭新印务有限公司
开　　本	889mm×1194mm　1/24
印　　张	7
字　　数	100千
版印次	2014年7月第1版　2014年7月第1次印刷
书　　号	ISBN 978-7-308-13322-7
定　　价	26.00元

来自教育专家的好评推荐

今天的科学是人类漫长时光的灿烂结晶；无论是仰望星空，还是环顾四周，科学就在我们身旁；让我们每天用10分钟徜徉在科学的海滩上，用科学揭示的奇迹滋润少年的心田吧。

（舒伟，儿童文学评论家，翻译家，天津理工大学教授，外国儿童与青少年文学翻译研究中心主任，中国科普作家协会科学文艺委员会委员，天津市外国文学学会外国儿童文学专业委员会主任）

这套丛书图文并茂，集趣味性与知识性于一体，摆脱枯燥的知识讲解和灌输，从日常生活可见的现象出发，讲述自然现象、人体奥妙等科普知识。丛书文字通俗易懂，配图合理，特别适合好奇心旺盛的中小学生阅读。

（方凡，浙江大学外国语言文化与国际交流学院教授，博士，哈佛大学访问学者，浙江省外文学会秘书长)

生命之乐，在于探索宇宙间一切现象背后的缘由！苍穹为何这样？地心到底如何？上穷碧落下黄泉……孩子还问，心便活着！

这套精巧的书，帮助并陪伴孩子快乐成长！

何其美哉、妙哉的生命发现之旅就在其中！

（江儿，台湾亲子教育专家）

深入浅出地介绍、图文并茂地呈现科学原理，以轻松、有趣的笔调，搭配客观、正确的理论基础，分门别类梳理知识点，完整说明各种科学现象，使人阅读起来没有负担；并且提供反思与探索的机会，让大、小朋友在生活化的主题中，培养发散性思维；同时涉猎不同领域的科学新知，找寻各种可能性，逐一建构科学观，是创意十足的概念好书，值得大力推荐！

（詹文成，台湾台中市东势区中科小学校长）

"10分钟爱上科学"系列内容包罗万象，涵盖自然现象、人体奥妙、生物故事与生活中的许多科学现象，通过浅显易懂的文字叙述及精彩的插图，可提高阅读兴趣；尤其是每篇仅三四百字，短小精悍，很适合小学生阅读，是亲子阅读的好读本。

（陈忠本，台湾屏东县九如小学校长）

小朋友对于科学知识方面的兴趣需要引导与循序渐进地培养。"10分钟爱上科学"系列选择生动的主题，配有简洁的文字与有趣的插图，让孩子在"零负担"的氛围下，轻松培养阅读习惯，提升科学素养，实为构思优良之儿童科学读物，值得推荐！

（张景哲，台湾云林县云林小学校长）

在轻松阅读中爱上科学

根据美国、日本及韩国的专家分析，"晨读"是培养中小学生主动阅读最有效的方法。"10分钟爱上科学"系列为了激发小朋友的阅读兴趣，编制了许多有趣的插图与漫画，不仅可以培养快乐的阅读习惯，更能提高科学素养，提高学习能力！

笔者接下本书的编写工作，实在甚感惶恐。但是心想自己从事教育工作多年，发现高中生仍普遍存有许多科学概念的迷惑，加上现在孩子的阅读兴趣不是太高，所以，在内人的鼓励下，同时在希望给自己的三个孩子有一套深入浅出又可以自行阅读的小书的想法怂恿下，毅然决然参与了撰写工作。

市面上充斥着许多科学丛书，我发现不是过于深奥，就是流于说理。本系列读本希望通过短时间的阅读，提供既富于说理，又富有乐趣的科普知识，让孩子每天利用10分钟的时间，在包罗万象的科学领域中，潜移默化地启发想象力与创造力，最终爱上科学，并养成每天读书的良好习惯。

本系列内容涵盖天文、宇宙、人体、生物、地理、物理、化学等方面的科普知识。大家常认为小书不能登大雅之堂，但笔者觉得，是大众因熟悉而不觉珍贵。平心而论，孩子在学习的路途上，能真正喜欢科学者少之又少，若能每天抽10分钟阅读本书，必受益匪浅，其影响何其深远。

最后感谢出版社的青睐，让更多小读者有机会接触本书。我也要感谢一直支持我写作的家人及同事的帮忙，让我得到更多力量。本书编写虽谨慎、小心，力求零缺点，但难免还有疏漏或谬误之处，尚祈各位专家、学者不吝指正、赐教，不胜感激。

Part **1**

有趣的物理

Part 2

动物界的秘密

陆地的故事

Part 3

生活中的化学　　　　　　　　　　　Part 4

奇妙的光影世界

Part 1

有趣的物理

水滴为什么是圆的？

拜托，
我是水晶球，
不是水滴！

当水滴落在玻璃或是叶子上的时候，会形成一个圆形的小水球。如果是在宇宙中失重的状态下，水更会是一个完全的圆球形。为什么它们不是方形，不是三角形，偏偏是圆形的呢？

原来，水是由水分子组成的，一滴水里面有千千万万个水分子，相互之间都会有吸引力。当水滴在一个干净的平面上时，超过一半的表面积和空气会有所接触，而且空气里面的氧气对水分子也有吸引力，于是就会有两个方面的力量在吸引水分子。不过，尽管水分子间的吸引力很小，但还是比氧气大。最后，在两个力一起作用下，就在水的表面形成了一种叫作"张力"的力，这种力会让水滴趋向于变小。

为什么你不能变成三角形或是四方形？

另外，空气里的氧分子对水滴的侧面是没有引力的，所以不会把水滴往四周拉，形成扁平的模样。这样一来，不管一滴水的体积有多大，总是会朝表面积更小的方向去变化。而且数学的知识告诉我们：当体积相同的时候，球形的表面积最小，所以就算滴下来的水是方形的，它也会"自动地"变成圆形，其他形状的水滴也是同样的道理，因此在大自然里，我们看到的都是圆形的水滴。

脑力加油站

above water 摆脱困境或债务
to be in hot water in deep water 陷入困境
water under the bridge
木已成舟，无法改变的事
hold water 站得住脚，有理

奇妙科学大探索

时间可以倒流吗？

科幻电影里的人物，经常坐着时光机，或是穿越时光隧道回到过去，那么在现实世界里，真的有这样的东西能让时间倒流吗？

我们先来看看"时间"是什么。时间看不见也摸不着，但是它却无处不在，代表着一件事情从开始到结束所经历的那段过程。当我们说到"时刻"的时候，就代表事情开始和结束的那个"点"。

让时间倒流

简单来说，时间就像是一条只流向一个方向的河。如果开始做一件事情，就好像将一只纸船放进这条河里，当它到达终点的时候，事情也就结束了。

我们的生活就是在这样的一条"时间河"当中，我们所做的每一件事情都是一只"纸船"。如果在河里有什么东西，能

够快到追上并且超过纸船，那就能跑到船的前面——自然能看到身后船的运动，这种运动就代表着过去。但是，物理世界里所能发现跑得最快的只有"光"。光就是河流中的那只纸船，必须要跑得比光更快，才可能回到过去，也才能看到从前发生的事情。

light /laɪt/ 光

不过到目前为止，物理学中还没有发现运动速度比光更快的自然物体，科学家也尚未发明出可以超越光速的机器，所以电影里的时光倒流，暂时还不能在现实世界里出现。

脑力加油站

Long time no see. 好久不见。
What time is it? /
What's the time? 几点了？
Time's up. 时间到了。

3 为什么用嘴巴吹的气球飞不高？

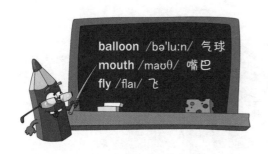

balloon /bəˈluːn/ 气球
mouth /maʊθ/ 嘴巴
fly /flaɪ/ 飞

我们用力往气球里吹了很多很多气，但是在将它打结、放手之后，气球却一下子掉在地上，完全不会往天上飘，这是为什么呢？

原来，我们自己吹的气球，和那些能飞上天的气球，是完全不一样的，这并不是因为做气球的材料有什么区别，而是因为气球里面的气体有小小的区别。

以氢气球为例，里面的所有气体都是氢气，它的密度比空气要小很多。在物理学中，当两个物体接触在

因为我是肥猪才飞不高吗？

一起时，它们相互之间就会有作用力，如果体积一样大，那么质量大的那一个，产生的作用力就会比较大，也会把轻的物体往上托，所以密度小的物质会飘在密度大的物质上面。因此，当氢气被包裹在橡胶的气球里时，气球就自然而然地浮了起来。

我们吹气球的时候，呼出的大部分气体都是二氧化碳，它的密度比空气大，所以不可能在空气里面浮起来，反而会像一块铁掉进了水里，很快就沉了下去。

因此，不管气球里面是什么气体，只要密度比空气小，它就会飘起来。不过我们的嘴巴，怎么样都不能呼出比空气更轻的气体——我们的肺所排出的是二氧化碳，所以永远都不能让气球飞上天空。

脑力加油站

你知道吗？fly 除了表示动作的"飞行"之外，还可以作为名词，就是"苍蝇"。口语中，我们会说"like flies"表示数量巨大；还有"I'd like to be a fly on the wall..."（我希望做墙壁上的一只苍蝇……）表示对别人的秘密会谈十分感兴趣，希望能亲自耳闻目睹。

4

谁可以撬动整个地球？

earth /ɜːθ/ 地球
pivot /'pɪvət/ 支点
far /fɑː/ 遥远的

"给我一个支点，我能撬动地球。"这是古希腊著名数学家、哲学家

阿基米德的名言，他为什么可以有这么大的力量，能够撬动整个地球呢？

我们小时候都玩过的跷跷板，是在一块木板中间放一个支点，两个重量差不多的人坐在两边，就可以一上一下了。但是如果把中间的支点向某一边移动一下，就

会看到：木板变短那一边的人被悬在空中，很难压下来。

　　上面这种现象，其实是因为物理学中存在着一个原理——杠杆原理。在杠杆两端并非重量越大，作用力就越大，还会受到支点的距离影响。也就是说，就算你的重量很轻，但是你离支点的距离很远，照样也能撬起支点另外一边重量比你大的物体。

　　这样一来，我们就很好理解，为什么阿基米德敢说他能撬动地球了。不过，这也必须要有他说的那个前提：一个"支点"。如果阿基米德能在宇宙中找到一个相对于地球绝对静止不动的支点，而且也能找到一根很长很长的棍子，当他站在离支点很远的地方时，他一个人的力量也就真的能撬动整个地球。但是，阿基米德的这个设想只是一个理论，在真实的环境下无法实现，可是它说明了杠杆原理在生活中能发挥的巨大力量。

脑力加油站

as far as 一直到……
He walked as far as the gate.
他一直走到大门口。
far from 远离
They traveled far from home.
他们离家远游。

5

为什么青蛙趴在荷叶上不会沉下去？

每当夏天到来时，荷塘里会有很多青蛙出现，它们在水中游累后跳上荷叶休息，却不会沉下去，这是为什么呢？

首先，荷叶虽然很薄，但是在中央有藏在水下的茎支撑着它，使它可以承受一定的重量。其次，荷叶的边缘微微翘起，能让它在水中像一个盆子，或者是小船，水也就不容易流进去。不过，即使荷叶

四肢和肚子
紧贴荷叶

水下的茎
在支撑着

边缘微微翘起，
不容易进水

有上面这些精巧的构造，跟青蛙比起来，它还是显得有些单薄。所以，最后也是最重要的一个原因，就是青蛙趴在荷叶上的姿势。

青蛙在荷叶上休息时，是全身匍匐趴在荷叶上，不仅四肢完全和叶面接触，就连肚子的绝大部分，也紧紧地靠着。这种姿势的好处，就是大大降低了压力。生活中关于压力的最好例子，就是图钉。我们之所以能用手就把图钉压进墙

frog /frɒg/ 青蛙
lotus /ˈləʊtəs/ 荷花
leaf /liːf/ 叶子

里，就是因为它很细，尖端部位作用的面积非常非常小，压力也就十分的大。如果青蛙可以站立，一条腿站在荷叶上，那么它对于荷叶来说，就像一颗图钉，把所有力量都集中在一起，就算不刺穿叶子，也会很快就沉下去。

pressure
/'preʃə/ 压力

　　所以，基于上面几个原因，尤其是最后一个——青蛙全身趴在荷叶上，分散了作用力，减小了压力，也就可以安全地待在荷叶上面了。

脑力加油站

汤姆晚上总要听爸爸讲故事（story）才睡得着。
爸爸："在以前，有一只青蛙……"
汤姆："爸，今天我不想听童话故事，可以讲科幻故事吗？"
爸爸："好，在太空（space），有一只青蛙……"
汤姆："算了，爸，你还是给我讲个历史故事吧。"
爸爸："好吧！在清朝，有一只青蛙……"

有趣的物理

6

为什么山上离太阳更近，
反而比山下冷？

晒太阳的时候，我们总是感到暖洋洋的，太阳就像一个巨大的火炉。那么，我们应该靠它越近，就越觉得温暖才对，但是为什么山上离太阳更近，却比山下要冷得多呢？

要弄清楚这个问题，先要知道地球的热量是从哪儿来的。作为一个运行在宇宙中的星球，地球的

sun /sʌn/ 太阳

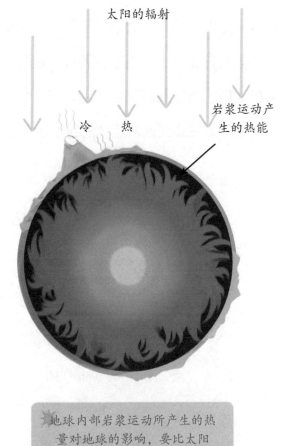

太阳的辐射

冷　热

岩浆运动产生的热能

热量有两个主要来源：一个是太阳的辐射，另一个是地球内部岩浆运动所产生的热能。

太阳系中有八大行星，它们接收来自太阳的辐射热量，会随着距离的远近而不同，最靠近的水星、金星，温度高达几百度；远离太阳的海王星、天王星则是一片极度严寒的世界。而地球则处于一个很适合的距离，使得太阳辐射的热量不多也不少，因此导致了地球内部岩浆运动所产生的热量，对地球温度的影响要比太阳辐射大得多。

地球内部岩浆运动所产生的热量对地球的影响，要比太阳辐射大得多。

所以，一座山的热量——决定了它的温度，主要由地壳下面的岩浆运动提供，而不是太阳。于是，当山的高度越高，虽然离太阳更近，但是却离主要的热源更远，温度也就更低。另外，正是由于太阳辐射热量和地热的能量共同交互作用，整个地球的温度才维持在一个合适的范围，也才为生命在这颗蓝色的行星上诞生创造了条件。

脑力加油站

sunflower 向日葵

sunshine 阳光

Sunday 星期日

sunny 晴朗

sunrise 日出

sunset 日落

7

"真空"里真的什么都没有吗？

我是真空吸尘器

"真空"这个词对我们来说并不陌生，真空吸尘器、真空保温瓶，在平时经常会用得到。

那到底什么是真空呢？真空就真的是什么都没有吗？

"真空"从字面上来说，就是"什么东西都没有"。那么，一个空的透明玻璃杯里是真空吗？答案当然是否定的！空的杯子虽然看起来是没有东西，但只不过是我们用肉眼看不到罢了。

air /eə/ 空气
glass /glɑːs/
玻璃杯

空杯子里面有空气、小尘埃，所以当然不是真空的。

物理学上的真空，是表示在某一个区域内，没有任何物质，不仅不能有小尘埃，连空气都不能有。不过，这种真空只是假想的一种完美状态，在自然界中是不存在的。自然界里最接近真空的是外层空间，但即使是在外层空间，也会有极微量的放射性元素存在，因此也不是严格定义上的真空。

魔术师的考验

一般而言，当我们说到真空时，意思是指低于平时所处的气压。真空吸尘器就是利用马达转动，制造出一个低气压，使得外界气压高于里面的，便能把灰尘压进吸尘器中。

所以，真空的确意味着什么都没有，只不过这种状态在真实环境中是不存在的。

脑力加油站

真空在生活中的应用非常广泛，除了本篇里提到的真空吸尘器、真空保温瓶，我们还常常会利用真空来贮存食品。新鲜食物（food）暴露在空气中，很快就会因为微生物的大量繁殖而变质，而真空包装的食物由于隔绝了微生物繁殖的环境，所以可以使食品长期保存。

子弹可以转弯吗？

bullet /'bʊlɪt/ 子弹
turn /tɜːn/ 转弯
gun /gʌn/ 枪

科幻小说里，存在着这样一种神奇的武器：它发出的子弹可以自己转弯，所以主角能够躲在一个角落开枪，而不用直接面对对手。但是，这种神奇的子弹真的存在吗？

首先，我们要了解枪和子弹的原理。当手枪的扳机被扣动时，会触发枪底的一个小锥子，猛烈打击子弹底部，而子弹的弹壳中装满了火药，在这一刻会剧烈爆炸，产生强大的冲击力，推动子弹前端的弹头，以很快的速度发射出去。另外，世界上几乎所有种类的枪，枪

别再问我子弹的事了，因为我是口红！

管都是直的，内部也都做得非常平滑，为的就是将子弹在发射时所遇到的阻力减少到最小。

而子弹从平直的枪管发射出去以后呢？由于它的速度非常快，虽然会因为重力而稍稍下降，但是整体而言，在射程之内都趋近于一条直线。因此，想要子弹在中间飞行的过程中突然改变方向，只有两种可能：一是在它飞行到一半的时候，给它一个外力，让它转向；二是在子弹上面安装一种导航装置，可以按照想要的路线进行飞行，就像飞弹那样。但是以目前的科技发展，没有任何装置或是技术，可以实现上面两种假设。所以，现在还不存在可以转弯的子弹。

脑力加油站

枪和子弹都属于武器（weapon）。武器又可以分为冷兵器（cold weapon）和热兵器（thermal weapon）两类。剑（sword）、弓（bow）、斧（axe）等都是冷兵器；而枪、炮、导弹等则是热兵器。

9

为什么没有永动机？

从古至今，无数人，甚至包括许多有名的科学家，都梦想着造出一台永动机：它不需要外界的能量，却可以一直运动和做功。但却从来没有任何人成功过，这是为什么呢？

energy
/'enədʒɪ/ 能量

我可以一直转不停哦！

那是因为风一直吹着你呀！

其实早在大约一千年前的印度，就开始有人试着制造永动机。后来欧洲的科学家也加入了这个行列，不过仍然没有人真的能造出来，即使有，也很快被证明只是骗人的把戏。他们会失败，是因为还不知道一条重要

的科学原理：能量守恒定律。这条定律在19世纪被科学家发现，证明了能量可以从一种形式转换成另外一种，却不能凭空出现和消失，也就是"守恒"的。例如：电能可以转换为机械能，反之亦然。

　　永动机的构想和"能量守恒定律"完全相反，想要机器永远不停止地运动着，同时也向

外界不断输送能量，这是根本不可能实现的！另外，任何的运动都会有物体之间的接触，只要有接触就会有摩擦，而摩擦就会产生热量。永动机的运动也会产生热量，所以不管它有多么大的能量，如果没有得到补充，最后也全部都会以热量的形式散发到空气中，直到完全停止运转。因此，世界上是没有永动机的。

脑力加油站

你知道吗？在热衷于研究永动机的科学家里，有一个是达·芬奇——对，就是那个意大利的著名大画家！他和米开朗基罗、拉斐尔并称为文艺复兴三杰，巴黎卢浮宫的经典藏品《蒙娜丽莎》就出自他的笔下。

为什么卫星不会从天上掉下来？

卫星被火箭送上天空后，和地面没有任何连接，却可以平稳地在自己的轨道上运行，而且没有指令的话绝对不会掉下来，这是为什么呢？

呜……
我已经回不去了。

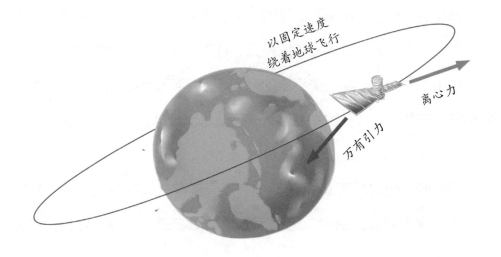

以固定速度
绕着地球飞行

离心力

万有引力

要了解卫星飞行的原理，首先要知道物理学中的一种力：离心力。坐过云霄飞车之后我们都会有一种感觉，就是到达顶端时，会觉得自己好像要被抛出去了，只不过由于保护装置将我们固定在座位上，才能安然无恙，那个把我们往外抛的力就叫作离心力。当物体绕着一个圆心转动的时候，就会产生离心力，而且圆的半径越大，物体的速度越大，离心力也就越大。

circle /ˈsɜːkl/ 圆

卫星在太空中是绕着地球旋转的，所以会有离心力。但是卫星没有离地球越来越远，是由于地球对它还有另外一种力，就是引力（万有引力）。所以，火箭会用很大的推力，让卫星暂时摆脱地球的引力，上升到宇宙中，当到达某一个高度的时候，卫星所受到的引力和离心力刚好相等，它就会保持在这个高度，既不会远离地球，也不会从天上掉下来，而是以一个固定的速度，绕着地球飞行。

月亮也是地球的卫星，只不过它是天然存在而不是人造的，它能够几亿年来都挂在天空中，也是因为地球对它的引力等于它自己的离心力。

脑力加油站

in the sky 在空中
pie in the sky 不能保证实现的诺言；画饼充饥
His plans for converting his house into an antique shop are just pie in the sky. 他想把他的房子改造成一个古玩店，那种计划只不过是空想而已。

Part 2
动物界的秘密

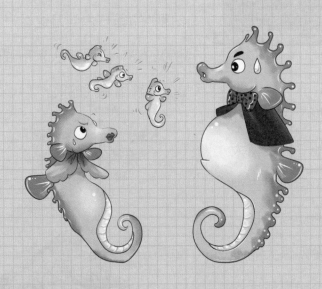

杜鹃鸟是怎么养孩子的？

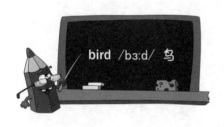

当在田野里听到杜鹃鸟"布谷、布谷"的叫声时，仿佛是在提醒人们，到了该播种的季节。但是这么一种提醒别人该勤劳的鸟，自己却从来不喂养小鸟，它们是怎么繁殖后代的呢？

从外形上来看，杜鹃鸟和其他鸟类没有太多的区别，但如果去观察一下杜鹃幼鸟生长的巢，就会发现很大的不同。第一个也是最大的特点就是：幼鸟往往比

嘿嘿！偷偷把孩子放在别人的窝里。

杜鹃鸟宝宝

画眉鸟的蛋

画眉鸟妈妈

喂食它的"父母"体形还要大。第二个特点是：鸟巢里通常只有一只幼鸟，可是一般鸟类，一窝都会产好几颗蛋，所以这种情况就显得很奇怪。

原来，那些"父母"并不是小杜鹃的真正爸妈，只是"养父母"！杜鹃到了产卵期的时候，会把自己的卵产在其他鸟类的窝里，例如画眉和苇莺，这些鸟就会在毫无察觉的情况下孵化杜鹃卵。等到杜鹃幼鸟破壳而出后，它们还会有一种把其他幼鸟或是鸟蛋往巢外面推的天性，到最后，鸟巢里只剩杜鹃一只幼鸟。而

family /ˈfæməlɪ/ 家庭

children /ˈtʃɪldrən/ 孩子

这时"养父母"却似乎还没发现有什么异常，继续从外面捉虫子来喂它，直到它翅膀成熟，能自己飞向天空。

杜鹃鸟的这种特性，就是让孩子在别人的"家庭"里长大，而自己完全不用负任何抚养的责任。

脑力加油站

mother 母亲
father 父亲
grandmother 祖母
grandfather 祖父
uncle 叔叔
aunt 姑妈
sister 姐妹
brother 兄弟

为什么海马是爸爸生小孩？

Dad /dæd/ 爸爸
Mom /mɒm/ 妈妈
animal /'ænɪml/ 动物
fish /fiʃ/ 鱼

世界上的动物都是妈妈生小孩，但有一个例外，那就是海马。小海马究竟是怎么从海马爸爸的肚子里出来的呢？海马生活在海中，用鳃呼吸并且有鳍，属于鱼类的一种，不过它长得有点特别：头像马，而且整个身体一直都保持直立，不像普通的鱼会水平地游动；嘴巴则像一个吸管，不能张开和闭合，只靠吸食水中的小生物为生。

啊！
我快要生了。

　　更特别的是，雄性海马的腹部有一个育儿袋，就像袋鼠一样。不过小袋鼠是出生后，才进入袋子里，直到能适应外面的环境再离开。海马却不同，到了每年的繁殖期，在它们活动频繁的近海区域，雌性海马将卵产进雄性海马的育儿袋里，受精卵也在那里形成，然后小海马就在爸爸的袋子中进行孵化，最后再由海马爸爸前俯后仰，将小海马从育儿袋里排出。

从上面的这个过程看来，就好像是海马爸爸"生"出了小海马，但其实卵子还是来自于妈妈，海马爸爸的袋子只不过充当了一个孵化器的作用，但是它在生小孩的过程中任务更重，也比其他动物的爸爸更加辛苦。

脑力加油站

dolphin 海豚　crab 螃蟹
lobster 龙虾　octopus 章鱼
whale 鲸鱼　shark 鲨鱼
starfish 海星　shell 贝壳

企鹅为什么不能飞？

是我太胖，还是翅膀太弱？

企鹅属于鸟类，也有一双翅膀，甚至还跟信天翁和海鸥有相同的祖先，但是为什么其他同类能飞，它却飞不起来呢？

最早发现的企鹅化石在大约五千万年前，根据推测，企鹅的祖先是鸟类的一种，它是能飞的，就跟其他的鸟一样。当时地球上的所有大陆还靠得很近，几乎是一个整体。后来由于大陆板块移动，各个大陆间开始分开，像今天的美洲和澳洲就是在那个时候分离出来的。

penguin
/'peŋgwin/
企鹅

企鹅生活的南极洲也一样。南极洲越漂越远，到最后距离其他大陆实在太遥远，企鹅的祖先虽然有翅膀，但也难以飞往。不过这并没有影响到它们的生活，因为南极洲周围有非常丰富的鱼类和海洋生物，只要有吃的，就完全可以生存下来。

sea /si:/ 大海
wing /wɪŋ/ 翅膀

　　既然走到海边就能找到吃的，而且还需要经常跳下海去寻找食物，翅膀的飞行功能也就显得越来越不必要。也就是说，企鹅不用飞也可以生存，而且不用担心种族灭绝。

　　根据生物学中"用进废退"的原理，企鹅长期不用翅膀飞行，它们的飞行能力便会慢慢退化，直到最后完全消失，这也就是企鹅有翅膀却不能飞的原因了。

脑力加油站

　　"用进废退"的原理在很多生物身上都有所体现。比如长颈鹿为了吃到高处的叶子进化出了长脖子（neck），蝙蝠长期在黑暗中生活导致视力退化，而我们人类则进化出了发达的大脑（brain）和灵活的手指（finger），同时褪去了体表的毛发。

4 乌龟为什么很长寿？

tortoise /ˈtɔːtəs/ 乌龟
hundred /ˈhʌndrəd/
一百

乌龟被公认为是世界上最长寿的动物之一，一般都能活到100岁以上。在澳洲，有一只乌龟活了176岁，还是被达尔文亲自带去的。为什么乌龟会这么长寿呢？

首先，乌龟虽然身体柔弱，但却有很厚的壳保护自己，最大能承受约一吨的重量，这使得乌龟在面对很多攻击的时候，可以把四肢和头缩进去，不受到任何伤害。而且，当四肢和头缩进

这个问题要问我曾曾曾祖父才知道。

外壳时，还能减少身体水分的流失。

　　其次，乌龟爬行速度极慢，就算爬得再快，最多也只能爬100米。此外，乌龟还是一个懒虫，一天有十五六个小时都在睡觉，它们不仅冬眠，夏天时也会躲到凉快的洞穴里睡大觉，这样一来，乌龟体能的消耗非常少，新陈代谢也就很缓慢，这些便是乌龟能长寿的主要原因。

乌龟为什么很长寿？

有坚硬厚壳保护　　　　动作慢　　　　爱睡觉

除了上面所说的原因，近年来科学家还通过研究发现：乌龟体内的细胞分裂代数要比其他动物多得多。人一生细胞分裂有50代左右，而乌龟却可以分裂110代，比人类的两倍还要多。而更多的细胞分裂，也就意味着更强的生命能力，所以乌龟的寿命通常也是人类的两倍。

脑力加油站

动物的寿命各不相同，猫（cat）的寿命通常是10~12年，狗（dog）的寿命通常是15年左右，在陆地上的哺乳动物中，最长寿的是大象，寿命可达70~80年。而寿命最短的动物是一种叫"蜉蝣"的小虫子，不同种类的成虫寿命最长的可达8~21日，通常则为2~3日。

5

蝙蝠到底是鸟还是兽？

蝙蝠有翅膀可以飞，但是它却在很多方面和其他鸟类有着巨大的差别，那么蝙蝠到底是鸟还是兽呢？

蝙蝠能飞的一个重要原因，是它有前、后肢和尾巴之间的皮膜连成的翼。这层翼很薄，相对于蝙蝠的身体而言，面积也比较大，再加上它有着很发达的胸肌和胸骨，使得蝙蝠可以像鸟类

我不是鸟也不是兽。

没人问你，好吗？

bat /bæt/ 蝙蝠

奇妙科学大探索

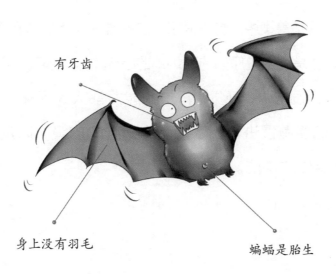

有牙齿

身上没有羽毛

蝙蝠是胎生

一样飞翔，甚至飞行的高度比很多普通的鸟都要高。不过要判断一种动物是不是属于鸟类，仅凭翅膀和飞行是不够的，在其他的标准下，蝙蝠其实不是一只"合格"的鸟。

首先也是最大的区别，就是繁衍后代的方式，鸟类都是卵生，蝙蝠是胎生，而胎生则是哺乳动物的最大标志。其次，鸟的全身长满羽毛，但蝙蝠一根也没有。最后，它是有牙齿的，还有膈膜把体内分成胸腔和腹腔，这也是哺乳动物的特征之一。所以，综合以上几点，蝙蝠完完全全属于哺乳动物，是兽类。

tooth /tu:θ/ 牙齿
dark /dɑ:k/ 黑暗

动物界的秘密

只不过，蝙蝠是兽类中的特殊分子，它是唯一能飞的哺乳动物。会形成这种状况，也是有历史原因的。蝙蝠的祖先本来不能飞，不过由于长期生活在黑暗的洞穴中，视觉和行走的能力都大大退化，在捕食的需要下，它们便慢慢进化出了能当作翅膀的皮膜，以及发出和接收超声波来定位的功能。

脑力加油站

有一只蝙蝠答应嫁给老鼠（mouse），老鼠很高兴。别人笑它没眼光，老鼠说：你懂什么，人家好歹也是个空姐！

结婚后，老鼠得意地对猫说：我现在和蝙蝠结婚（marry）了！将来我们的孩子生活在空中，再也不怕你了！猫哈哈大笑，指了指树上的猫头鹰说：看见没，俺媳妇！

6 萤火虫为什么会发光？

summer /'sʌmə/ 夏天
warm /wɔ:m/ 温暖

夏天的田野里，总会有不少萤火虫聚集在一起，发出温暖的光芒。如果数量更多，便会形成一条像银河一样的光带。

萤火虫究竟为什么可以发光呢？

萤火虫属于昆虫类，一般生活在温带和亚热带，栖居在潮湿、温暖、草木茂盛的地方。如果萤火虫不发光，它跟普通的甲虫在

妹妹，哥哥帮你照亮前方的路吧！

外形上看起来也没有什么区别，但是萤火
虫之所以特别，就是因为它们的尾部构造
特殊。萤火虫的尾巴上有发光细胞，里面
含有两种物质：荧光素和萤光素酶。

在荧光素酶的催化和帮助下，当荧光素和空
气接触的时候，就会产生我们看到的安静而温馨
的光亮。

不过并不是所有的萤火虫都会发光。一般来说，那些会发光的萤火虫都是雄性，而雌性几乎不发光，或是发出的光太过微弱，我们根本看不到。

另外，就像其他的昆虫会发出声音和气味来吸引异性一样，雄性萤火虫发出荧光的主要作用，便是引起周围雌性的注意，然后再进行交配，这也是为什么白天萤火虫不会大量出现的原因——夜幕降临之后，它们才能凭借着荧光，相互看到对方，也才能繁衍后代。

还有，雄性萤火虫的下场并不是很好，因为在交配之后，雌性萤火虫需要更多的能量来孕育下一代，所以会选择吃掉雄性萤火虫！

脑力加油站

spring 春天
summer 夏天
autumn / fall 秋天
winter 冬天
four seasons 四季

7 候鸟为什么要每年往南飞?

秋天的时候,经常会看到成群结队的鸟儿飞向南边,而且每年都是如此,候鸟为什么要每年往南飞?

我们先来认识一下,什么是候鸟吧。候鸟是随着季节气候变化,在两个相隔较远的地区之间迁徙的鸟类,例如白鹭鸶和燕子。候鸟在夏天的时候,选择在北方筑巢、生育后代,是因为北方地区纬度比较高,夏天时白天的时间长、阳光充足,这也就意味着它们可以找到更多更丰富的食物,幼鸟也就能在一个安全的环境中生长。

为什么你总是指着南方?

奇妙科学大探索

秋末时，冬天即将来临，虽然幼鸟在这个时候已经成长，但是还没有强壮到可以抵抗北方寒冷的冬天——就算是成年的候鸟，也不能保证能安全度过寒冬。所以在这种情况下，成鸟就会带着幼鸟，飞向温暖的南方去过冬，我们也因此能在秋天的时候看到候鸟南飞了。

不过就算是候鸟，也并不是每一年都会飞向南方，牠们的迁徙会受到很多因素的影响。例如：如果在候鸟繁殖后代的地方，到了冬天，温度依然没有下降到一定程度；又或者，有些地方会在候鸟聚集的场所人工投喂食物，它们完全不用担心冬天找不到吃的。这些因素可能会导致候鸟在冬天的时候，依然留在原地而不往南飞。

脑力加油站

direction 方向
east 东
west 西
south 南
north 北
southeast 东南
northeast 东北
southwest 西南
northwest 西北

鸽子为什么会辨别方向？

pigeon
/ˈpɪdʒɪn/ 鸽子
home /həʊm/ 家

古代人用鸽子来传递书信，现代的鸽子也可以远隔几百千米，仍能准确地飞回家。

地球上这么复杂的地形，连人类都会辨别不清，为什么鸽子不会迷路呢？

刚开始，科学家认为鸽子是通过敏锐的嗅觉来认路，但多次的试验证明，这种说法不成立。

气味对鸽子的影响不大，就算味道有很大的改变，它们也照样能准确到达目的地。

送信也难不倒我。

感应磁场的晶胞就像指南针

经过的地方在脑子里形成一幅"磁力图"

后来通过其他的试验，科学家们一致认为，鸽子是靠着南北极的磁场来为自己导航的。

我们都知道，地球像一块巨大的"磁铁"，磁场从北极发出到达南极，形成无数条看不见的磁力线，指南针正是因为处在这些线里面，才能为人们指引方向。

而鸽子的上喙，存在着一种能感应磁场的神奇晶胞，让它们好像有了自己的指南针，不管旅途有多遥远，都不会偏离方向。

而且当鸽子被反复训练后，对自己曾经经过的地方，会在脑子里形

map /mæp/ 地图

成一幅"磁力图"，也就相当于我们使用的地图。有了"地图"和"指南针"这两件工具，鸽子自然不会迷路了。

另外，虽然地球的自转，可能会影响到鸽子的飞行路线，但是它们除了体内的"指南针"，还有可以在飞行途中，根据太阳的相对位置，不断校正自己方向的能力，这也就是为什么天气晴朗的时候，鸽子能更准确、快速地抵达目的地。

脑力加油站

at home　在家
home and abroad　国内外
go home　回家

9

大象是怎么睡觉的？

大象是陆地上最大的动物，移动缓慢而且四肢也不是很灵活，那么，它们是怎么睡觉的呢？

elephant /ˈeləfənt/ 大象
sleep /sliːp/ 睡觉

作为"陆地之王"，成年的大象重量在3~10吨之间，而历史上记载最重的大象，是在安哥拉被发现的一只非洲象，重量竟然高达12.2吨！大象体重既然如此重，它的内脏重量当然也是其他动物不能

不公平，我都不能躺着睡觉。

呼啊……

想睡觉的大象

好想躺下来睡觉。

不行！你一躺下来，我们可能会被压破。

内有巨大内脏

比的。所以，如果大象像普通动物那样躺着睡觉，它体内那些重量级的内脏，在相互挤压之下，产生的压力会非常大，很可能会把内脏压破。即使不压破，长期的挤压，也会对大象的健康带来不利的影响。

因此绝大部分的大象，都会站着或是靠着树木睡觉，动物园里的大象则可能靠着墙睡。大象选择站着睡觉，另外一个重要的原因，跟它的骨骼有关。

假如大象躺着睡，早上起来时，必须要用很大的力气，才能撑起它庞大的身躯。大象平时走动和站立的时候，四肢的骨骼还能支撑身体，但是突然的站起，会给骨骼带来更大的压力，这样的情形一次或是几次，对大象来说可能还没有问题，但若每天持续如此，

奇妙科学大探索

那么它四肢的关节会磨损得非常厉害，更严重的情况，可能某天将再也站不起来。

不过，在亚洲有一种小型象，会四肢前驱，匍匐在地上睡觉，甚至有时候还会侧躺着睡，但是牠们的体形在大象家族里面，可说是小个子，而且也不是经常如此，只能算是一个例外。

脑力加油站

Sheep shouldn't sleep in a shack. Sheep should sleep in a shed.
羊儿不应住简棚，羊儿应住好羊棚。

10

恐龙为什么会灭绝？

恐龙曾经是地球上最大的动物，统治了这个星球上亿年，不过却在很短的时间内，从地球上消失得无影无踪，现在只剩下化石，这是为什么呢？

根据研究，恐龙可能是一种"冷血动物"，它们自己不能调节体温，必须靠外界的帮助，像是阳光、沙土等，这也是为什么像恐龙和

现在，你只能看到我的化石了。

恐龙的灭绝

蜥蜴这样的动物，通常都在白天活动，晚上却没有什么动静，因为夜晚气温相对较低，运动消耗的热量不能及时得到补充。

关于恐龙的灭绝，有很多种解释，有人说是火山爆发，有人说是海平面的变化，还有人说是外星

plant /plɑːnt/ 植物
dust /dʌst/ 灰尘

人杀掉了它们。但是最被公众认可、也最合理的一种解释是：小行星撞击地球，导致了恐龙的灭绝。

大概在6500万年前，有体积巨大的小行星，直接撞击到了地球表面，这种撞击的能量异常巨大，相当于十级地震所带来的破坏，不仅改变地球表面的地貌，还掀起了铺天盖地的灰尘！这些灰尘遮挡

住了阳光，使得气温急剧下降，变得非常寒冷，由于恐龙是冷血动物，体温也就只能跟着环境一起下降，直到最后适应不了而大量死亡。

就算有部分幸存，但是由于环境变化，许多恐龙赖以为生的植物无法生长，它们也因为缺乏食物，而难逃灭绝的命运。

脑力加油站

地球上灭绝的动物可远远不止是恐龙。随着人类文明和科技的迅速发展，很多野生动物的生存环境遭到了污染和破坏，甚至是由于人类的捕杀而灭亡。渡渡鸟、南极狼、阿特拉斯棕熊等许多美丽的动物都已经灭绝了。爱护环境，保护动物，是我们每一个人的责任。

Part 3

陆地的故事

陆地到底有多厚？

　　地球是一个近似椭圆形的星球，我们小的时候可能会有这样的疑问：如果一直向地下钻探，能到达地心吗？如果可以，要钻多长的距离呢？

　　我们生活的地球一共分为三层，最外面的一层，也是人类和其他生物活动的表面，叫作地壳。地壳由许多"板块"所组成，它们的厚度不一。陆地上的地壳平均厚度有35千米，最厚的地方有65千米；海

一直钻下去会通到哪里呀？

洋中地壳的厚度在5~10千米间；整个地壳的平均厚度约为17千米。

kilometre
/'kɪləmiːtə/ 千米
thick /θɪk/ 厚

地壳往下，是处在地球中间的地函，它被分为两层，分别是上地幔和地幔。上地幔和地壳一起组成了岩石圈；地幔含有大量的放射性元素，这些元素不断蜕变、放热，使得地幔温度较高也较软，可塑性也比较大，而整个地幔的厚度大概在2865千米左右。

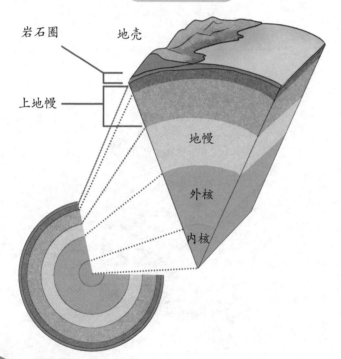

地球剖面图

岩石圈　地壳
上地幔
地幔
外核
内核

地球最中心的部分，被称作地心（又分为内核和外核）。地心是一个半径大约3400千米的球体，外层是一些流动的液体，中间为一个过渡层，而最核心的内部，由铁和镍等金属元素构成，温度有5000摄氏度。

地壳、地幔和地心三个加起来，就是整个陆地，也就是地球的厚度了，一共接近6300千米。当然，这是半径，如果是直径，就超过了1万千米，也就是说，如果想要挖地洞，一直挖到地球另外一边的美洲，要挖一个1.2万千米的洞才行。

脑力加油站

metre 米　centimetre 厘米
kilo 千克　gramme 克
litre 升　square metre 平方米
cubic metre 立方米

② 为什么说地球以前只有一块大陆？

我们从地图上看到的地球，是从它诞生就是这个样子的吗？七大洲和五大洋的位置从来都没有变化吗？

关于上面的问题，很久以来，人们的答案都是肯定的，认为大陆如此稳固，不可能移动。后来在20世纪初，德国的学者魏格纳在观察世界地图的时候突然发现：巴西东部的轮廓和非洲西海岸线几乎完全吻合，它们就像被分开的两块拼图一样！同样的情况也

continent
/ˈkɒntɪnənt/
大陆

apart /əˈpɑːt/ 分开

大陆漂移的样子

2亿年前

6500万年前

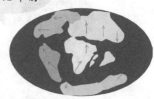

1.35亿年前

现在

出现在地球的其他地方，例如澳大利亚和孟加拉湾。这些都表明，地球以前似乎只有一块大陆，是后来才渐渐分开的。

如果只是地理形状上可以相互合成一体，也许只是巧合，但魏格纳后来提出的"大陆漂移假说"还有其他更有力的证据。例如：同样在大西洋的两边，美洲的纽芬兰和欧洲的挪威，居然有着相同的褶皱山系；非洲和南美洲之间，隔着浩瀚的大西洋，却生活着几乎同一个种类的鸵鸟；

2005年，葡萄牙发现了白垩纪的恐龙化石，而这种恐龙化石，在美国的东海岸也被发现过。

上面这些证据都显示：魏格纳提出的假说，并不只是胡乱猜测，地球的确在很久以前只有一块大陆，后来因为地壳的运动才相互分开，而陆地上相同的生物也随着移动，分散到各个地方，最后形成了今天地球的样子。

脑力加油站

七大洲：
Asia 亚洲
Europe 欧洲
North America 北美洲
South America 南美洲
Australia 大洋洲
Africa 非洲
Antarctica 南极洲

奇妙科学大探索

❸ 喜马拉雅山是怎么形成的？

mount /maʊnt/ 山峰
high /haɪ/ 高

喜马拉雅山海拔8844米，是世界第一高山，顶峰比世界第二高峰乔戈里峰，还要高出200多米。这么高的山，是怎么形成的呢？

德国学者魏格纳曾经提出，地球是由几个板块组成的，而且一直在相互运动。那么地球有几个板块呢？地球一共有六个板块：欧亚板块、美洲板块、太平洋板块、非洲板块、印度洋板块和南极洲板块。它们就像六块大拼图，合

你为什么可以长这么高呢？

板块运动就像把两本书同时往中间挤，接触的地方就会凸起。

在一起，组成了地球的外貌。和拼图不同的是，这几个板块一直在运动中，有的相互远离，有的相互靠近，形成了现在的地球。

喜马拉雅山刚好处在印度洋板块和欧亚板块的交界处。八千万年前，这两个板块还没有接触，印度洋板块的运动速度是每年10厘米。后来，印度洋板块逐渐靠近欧亚板块时，速度下降到每年4.5厘米，而且还不断下沉。两个板块在接触后，不停地相互挤压、碰

撞，不仅让欧亚板块跟着一起向北运动，还使得印度洋板块上的大量物质聚集在地壳面，最终形成了喜马拉雅山。这就像把两本书同时往中间挤，它们接触的地方会凸起一样。

另外，喜马拉雅山的高度并不是永远不变的。由于板块在运动，它的高度也一直在增加，现在增加的速度是每年一厘米左右。

脑力加油站

地球表面最高的地方是珠穆朗玛峰，而最深的地方则是位于太平洋底的马里亚纳海沟。马里亚纳海沟最深的地方有1.1万多米，也就是说，即便将珠穆朗玛峰放到海底，也远远不能露出海面。

4

火山为什么会爆发？

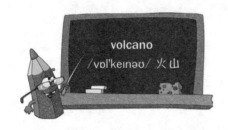

volcano
/vɒlˈkeɪnəʊ/ 火山

就算没有亲身经历过，我们也依然能从电视画面上感受到火山喷发时的恐怖威力。

火山巨大的能量究竟是怎么来的呢？我们生活的地球表面，看起来似乎很稳定，但其实在地表下面却很不平静。

地壳下的温度极高，超过1000摄氏度，而且还有岩石和板

我一生气就要爆发！

块之间的相互剧烈运动。而在高温下，大部分石头也都被融化成了岩浆，以液体的状态在地壳下面流动。同时，地壳下面的压力也非常高，总是推着岩浆往外运动。

fire /ˈfaɪə/ 火

火山爆发图

岩浆喷发

火山口

火山灰和冷却的岩浆

不过幸好地壳还算厚，岩浆无法轻易地从地表喷发出来，否则我们的世界早就是一片火海。

然而，地壳虽然厚，这只是指它的平均厚度，依然会有某些地方的地壳较薄，就成了炽热岩浆的突破口，当岩浆运动到某个地壳较薄处，再加上地球内部的巨大压力，就会把它们喷出地表。

但是为什么岩浆都是从火山口喷出来，而不是从平原或丘陵呢？这是因为火山的形成，本来就是来自岩浆喷发——岩浆在一个地壳很薄的地方不断喷发后，火山灰和冷却的岩浆留在了那儿，随着喷发的次数越来越多，最后就堆积成了一座火山。

脑力加油站

日本的富士山（Mount Fuji）可谓是世界上最著名的火山之一了。富士山高达3700多米，是日本的最高峰，山顶终年白雪皑皑。这里风景秀美，是日本最受欢迎的旅游胜地，也是日本的象征。

5

为什么雪山里面会有鱼的化石？

登山队员曾经在数千米高的雪山上，发现过鱼的化石。鱼本来是生活在江、河、湖、海里面的，它们是怎么跑到山上去的呢？

最典型的例子是喜马拉雅山上的鱼化石，登山队员曾经在1980年的一次登山活动中，在海拔7000米左右的地方，发现了一条远古鱼类的化石。整个化石保存得非常完整，栩栩如生，仿佛是在一瞬间被冻住，只要一解冻，它就能马上又游回海里。

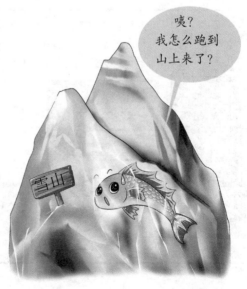

唉？我怎么跑到山上来了？

雪山

喜马拉雅山离印度洋和太平洋都有一定的距离，鱼不可能来自这两大洋。山的周围虽然有河流，但是它们都离化石被发现的地方很远，鱼也根本不可能游过去。那么，为什么鱼化石会在山上被

发现呢？原因很简单，像喜马拉雅山这样的雪山，以前曾经是一片海洋。

八千万年以前，印度洋板块和欧亚板块是分开的，印度和亚洲大陆也没有连在一起，它们之间是海洋。大约六千万年前，这两个板块开始碰撞在一块，海

洋渐渐变小，到后来变成湖泊，甚至受挤压形
成山峰。

在这个过程中，有的鱼类迁徙到了其他
地方，得以继续生存；有的则留在原地，随
着水的枯涸而渐渐死亡。之后，死去的鱼尸体被一层又一层的尘埃所覆
盖，高度也随着两个板块的挤压越来越高。这就是在海拔很高的雪
山里，能找到鱼化石的原因了。

脑力加油站

weather 天气
storm 暴风雨
typhoon 台风
tornado 龙卷风
frog 雾
haze 雾霾

6

地震是怎么回事？

地震是一种破坏巨大的自然灾害，往往会给人类居住的地方带来毁灭性的打击。令人感到恐怖的地震，究竟是怎么来的呢？

地震的时候，会让人觉得整个大地都在晃动，站不稳脚步，严重时地面还会出现很大的裂缝，就好像被撕裂和挤压一样。事实上，地表下面我们看不到的地方，的确出现了撕裂和挤压！因为，地球虽然看

怎么摇个不停？又有地震了吗？

似一个大部分由岩石组成的球体，但是地壳下面却不是静止的状态。

地壳被分成六个大板块，彼此间随时都在进行着运动，或是远离或是

nature /'neɪtʃə/ 自然
earthquake /'ɜːθkweɪk/
地震

靠近，此外，速度不一样，运动的激烈程度也不一样。当某一个时期，板块的相互运动很频繁，挤压和拉伸便会产生巨大的能量，能量的中心约在地下5~50千米处，它一旦被释放出

地震小常识

不要惊慌乱跑或是推挤。

尽量移动到户外的空地，远离建筑物。

如果在屋里，要躲在坚固的物体下方。

门要打开

来，就会以很快的速度传播到地面，也就产生了地震。

我们观察地图可以发现：经常有地震的地区，例如日本和美洲的西海岸，刚好就处在两大板块的交界处。以日本来说，一年平均要发生1000次以上的大、小地震，而且火山众多，原因就在于其位处欧亚和太平洋板块之间。这两个板块同时也是地球上最活跃的，自然让日本成了"地震之国"。

碰到地震，千万不要慌哦！

脑力加油站

遇到地震怎么办？如果地震时你在街上，一定要马上把皮包等柔软的物品顶在头上，以防被建筑物碎片砸到，并且迅速跑到开阔的地带；如果地震时你在建筑物里，千万不要匆忙之下跳楼，而是应当躲避到坚固的家具下或承重墙较多、空间较小的房间，等待地震过去或救援人员到来。

7

地心里面到底是什么东西？

centre /'sentə/
中心
million /'mɪljən/
百万

在半径6300千米的地球大球体里，中心会是什么样子？是空心的，还是像地面一样全是岩石呢？

首先，从结构上来说，地心占了整个地球重量的31.5%，而且不管由什么物质组成，它都不是空心的，而是一个实体。其

地心里应该很像……蛋黄吧？

次，地心的半径约有3470千米，体积约占整个地球的16.2%——比太阳系里面的火星还要大。最后，地心中到底存在着什么样的物质呢？

地心有着高到难以想象的压力，大约是我们平时生活所处环境的300万倍，而且温度也高得恐怖，在2000~5000摄氏度之间。地心处于这样高温和高压的环境下，已经不可能存在岩石，即使有，也会在一

地心探险行不行？

奇妙科学大探索

瞬间变成气体。地心中主要存在的是铁和镍两
种金属元素，但它们的形态也不是我们平时所
见到的那样坚硬无比，而是呈现出液态，慢慢
地熔化和流动。不过，虽然看似很柔软，实际上液态金属的坚硬程度丝
毫不会减弱。

历史上还有其他科学家提出，地心中含有的物质是黄金或水晶，但
很快就被推翻，因为这些物质的熔点很低，根本不可能以固体的形式存
在于地心。至于说是由铁和镍组成，也只是到目前为止最可靠的一种推
断，因为人类现在最深只能到达地表以下12千米处，再加上地震的影
响，根本不可能亲眼观察地心的情况。

脑力加油站

人们对于地心有过很多想象，例如法国著名科幻作家儒勒·凡尔纳就曾经写过一本《地心游记》，并在里面虚构了一个美丽而惊险的地心世界。有兴趣的小朋友可以阅读一下哦。

石油是石头里的油吗？

地上跑的汽车、天上飞的飞机，还有海里航行的轮船，都需要石油。许多生活必需品，也是从石油中提炼出来的。实在很难想像，这个世界要是没有石油，会变成什么样子。

但是石油到底是种什么东西呢？石油又称作原油，是从地下深处所开采出来棕黑色、可燃、黏稠的液体。主要是各种不同的碳氢化合物形成的混合物，燃烧的效率非常高，所以也被用来作为各种交通工具的主要燃料。

错！

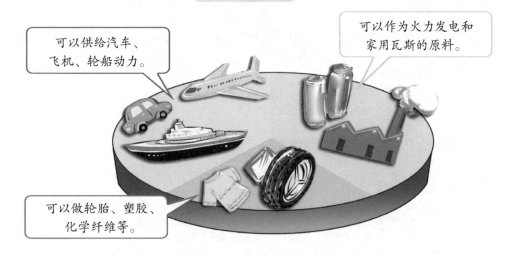

石油的用途

可以供给汽车、飞机、轮船动力。

可以作为火力发电和家用瓦斯的原料。

可以做轮胎、塑胶、化学纤维等。

　　"石油"这个词的起源，来自宋代科学家沈括在《梦溪笔谈》中描述的"生于水际，沙石与泉水相杂，惘惘而出"。可见石油的确是来自岩石当中，但是它并不是从石头中提炼出来的油。

　　石油的主要产地集中在中东、非洲和美洲。这几个地区，史前都曾经是海洋或是动植物活动频繁的地方，在经历了剧烈的地壳活动后，生物的遗骸被一层一层地埋在地下。地壳下面的温度和压力都比较高，遗骸被逐渐分解成了含碳的化合物，这些化合物虽然有着很高的能量，但是却没有出口，可以让它们散发出去，直到人类来开采。另外，石油都是以液体的状态出现，也是因为地下的高温，使得它们不可能凝聚成固态。

脑力加油站

汽车的种类：
bus 公共汽车
truck 卡车
sports car 跑车
jeep 吉普车
ambulance 救护车

9

石头也可以像河一样流动起来吗？

沙漠里，石子可以很轻易地被吹起来，形成飞沙走石的壮观景象。但那都是很小的石砾，如果是比较大的石头，有可能被推动，而且像河一样流动起来吗？

stone
/stəʊn/
石头

滚吧！滚吧！像河流一样流动吧！

救命呀！

石头的重量一般都不会太小，即便是体积不大的，也可能有好几斤重，就算用双手去搬，都会觉得有些吃力。在平地，每当台风来临时，强风也许会把树木吹断，但是仍然难以撼动大石块。不过，在山区或者是

rain /reɪn/ 下雨
tree /tri:/ 树木

沟壑很深的丘陵地带，却会发生一种泥沙裹着石头迅猛流动的现象，往往会在很短的时间内吞没村庄，这种现象叫作"泥石流"。

以山区为例，如果在某一个时期，长时间有大雨或暴雨，山体的土质将变得十分松软，而容易发生泥石流的地

泥石流的形成

树木稀少

大雨或暴雨让土质变得松软

石块和含有水分的泥沙，像河水一样流动起来

区，一般都树木稀少，使得雨后土壤中的水分无法被植被所吸收，土质因而被稀释得更加厉害。当稀释达到了饱和的状态，由于有大量的水分存在，泥土和山体间的摩擦力大大降低，饱含水分的固体物质就在自身重力的作用下，向地势较低的地方冲去。

这种冲击的力量很惊人，只要经过的地方，不仅树木和植被会荡然无存，就连很大的石块也无法阻挡，最后在含有水分的泥沙裹挟下，像河水一样流动起来，形成了具有极大破坏性的泥石流。

脑力加油站

light rain是小雨；heavy rain是大雨。那么你知道倾盆大雨怎么表达吗？是rain cats and dogs，可不要望文生义，以为是天上"下猫下狗"哦！

10 非洲大裂谷是怎么形成的？

哇!

在非洲，有一条世界闻名的大裂谷，如果坐飞机从印度洋北部进入非洲，你就会看到一条深深的、像刀疤一样的巨大峡谷，长度几乎是地球周长的六分之一，它究竟是怎么形成的呢？

大裂谷在非洲的东部，靠近印度洋，附近有举世闻名的苏伊士运河，这条运河也是亚洲和非洲的分界线。在苏伊士运河下面，我们看不见的地底

Africa /'æfrɪkə/ 非洲
north /nɔ:θ/ 北
famous /'feɪməs/
著名的

下，还有另外一条分界线，它分开了地壳下六大板块中的两个：印度洋板块和非洲板块。

五千万年前，非洲东部和亚洲西部的阿拉伯半岛，还紧密地结合在一起。

到了大约三千万年前，地壳发生了剧烈的运动，印度洋板块和非洲板块相互分离。不仅如此，它们还都向上隆起，如同把一块饼干掰成了两半，中间出现的那条裂缝，就是今天的东非大裂谷。

在后来的板块运动中，两个板块越抬越高，把地壳下面，甚至是属于地幔的物质提升了起

非洲大裂谷

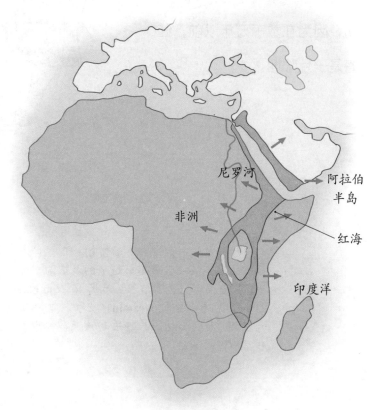

尼罗河

阿拉伯半岛

非洲

红海

印度洋

来，形成了山峰。这种地质运动还造出了非洲东部的高原，大裂谷也随着时间的推移越来越深，最深处甚至可以达到1000多米。另外值得一提的是，非洲和阿拉伯半岛之间的红海，也是来自于这种地质运动，因为在数千万年以前，红海是一片陆地。

哈哈！大裂股吗？应该是太胖造成的。

脑力加油站

尽管非洲的经济还不够发达，但这片美丽的土地正在吸引着越来越多的游客前来观光。除了有著名的大裂谷、尼罗河（the Nile River）、金字塔（pyramid）之外，去非洲大草原（grassland）看野生动物大迁徙也是非常难得的体验。

奇妙科学大探索

Part 4
生活中的化学

为什么奥运火炬可以在海里燃烧？

Olympic
/əˈlɪmpɪk/ 奥林匹克
torch /tɔːtʃ/ 火炬
burn /bɜːn/ 燃烧

水火不相容，这是我们从小就知道的常识，但是公元2000年，澳大利亚悉尼举办的奥运会上，火炬却在海底被传递了三分钟，这是怎么回事？

本来在设计火炬的时候，因为有很多困难，是不准备让它在水下面传递的。

因为火的燃烧，一定要有足够的氧气，但是海洋里到处都是水，空气根本就没有办法接触到火焰。

如果在火炬外面做一个透明的罩子罩住，那又不算是真正的"水下燃烧"，也就不能在海里传递火炬了。

火焰燃烧的原理

有氧气才能燃烧

水让氧气无法接触到

最后，科学家想出了一个办法：用镁来做燃料。原来，镁是一种很特别的金属物质，一旦碰到水，就会产生很剧烈的反应，放出耀眼的光芒。

所以，在海里传递的火炬，除了有乙炔和氧气一起燃烧的燃料，还特别放置了镁，只要一碰到水，镁就会"吱吱吱"地燃烧起来。而且这个时候，放出的像火焰一样光亮的物质主要也是来自于镁，镁越多，火光就会越耀眼。

不过要记住，这种"燃烧"不算是真正的燃烧，只不过是模拟火焰的光芒罢了，但是看起来却比真正的火还要漂亮，而且在水里不会熄灭掉。

脑力加油站

第29届夏季奥林匹克运动会是2008年在北京举行的。北京奥运会的口号是"one world, one dream"（同一个世界，同一个梦想）。北京奥运会共创造43项新世界纪录及132项新奥运纪录，中国以51枚金牌居金牌榜首名，是奥运历史上首个登上金牌榜首的亚洲国家。

奇妙科学大探索

2

切洋葱的时候为什么会流泪？

妈妈每次切洋葱的时候明明没有哭，但是为什么还是会有眼泪流出来？而且切其他的蔬菜时都完全不会这样，这是怎么一回事呢？

cut /kʌt/ 切
onion /'ʌnjən/ 洋葱
tear /tiə/ 眼泪

呜……是因为洋葱死得很惨吗？

原来，在切洋葱的时候，被破坏的洋葱细胞会释放出一种叫作蒜胺酸酶的蒜酶；同时，洋葱中有挥发性油脂，里面含有硫化物。硫化物在蒜胺酸酶的作用下，会形成一种刺激性的气体，刺激人眼部角膜的神经末梢，人体的防护系统

会将它当作是对健康的一种危害，于是通过神经系统，向泪腺发出命令，分泌出泪液，好把刺激物从眼睛里清洗掉，这也就是为什么切洋葱时会流泪了。

科学家的研究还发现：洋葱释放出这种刺激性的气体，其实是一种自卫行为。

当洋葱还在地底成长时，如果有老鼠或田鼠试图吃它，也同样会释放出气体，让它们无法忍受，最后只能避而远之，以保护自己能够顺利生长、成熟。

其实切洋葱也有一个可以不流泪的小窍门，那就是放在水里切，因为硫化物在水中很容易溶解，就不会和蒜胺酸酶形成刺激性气体，也就不会让我们流泪了。

脑力加油站

vegetable 蔬菜
carrot 胡萝卜
cabbage 卷心菜
potato 土豆
tomato 番茄
eggplant 茄子
bean 豆子
broccoli 西兰花

航天员在太空怎么写字？

天啊！根本没办法写字嘛！

航天员在太空中处于失重状态，他们如果用钢笔或是颜料笔写字，墨水和颜料肯定会飞起来，那么他们究竟是怎么解决写字的问题呢？

一开始航天员在太空中写字，都是用铅笔。铅笔的优点很明显：不用担心颜料悬浮在太空舱中，而且书写的时候，

由于与纸面的摩擦力而字迹清晰。但是后来人们渐渐发现了铅笔的缺点，

pen /pen/ 钢笔
write /raɪt/ 写
space /speɪs/ 太空

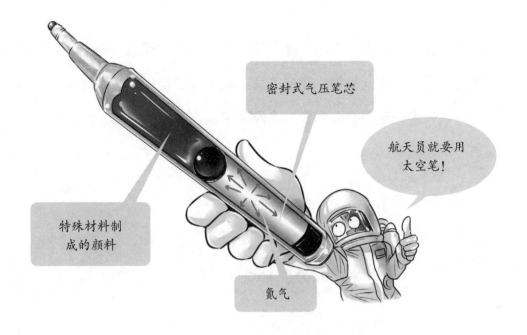

密封式气压笔芯

航天员就要用
太空笔!

特殊材料制
成的颜料

氮气

而且是很严重的缺点，就是：铅笔一旦折断的话，就会在太空舱中到处乱飞；这还不是最糟糕的，更令人担心的是，石墨是种导体，如果接触到宇宙飞船中的电子装置，会带来难以想象的后果。于是后来改用原子笔来代替铅笔，但是依然有问题，原子笔虽然不用担心颜料会乱飞，但是由于太空压力太小，经常会出现颜料压不出来的情况。

　　现在航天员使用的太空笔，可能各个国家间会有一些细小的差别，但是都是特别制作的，而且原理几乎差不多，就是：太空笔里面采用密封式气压笔芯，笔芯上部充满了一种叫作"氮气"的气体，利用气体压力把颜料推向笔尖，完成书写。其中的颜料也是特殊材料，能和笔的内壁产生一定的摩擦力，以确保太空笔在不用的时候，颜料也不会从笔芯中漏出来。

脑力加油站

pencil 铅笔
eraser 橡皮
ball pen 圆珠笔
ruler 尺子
ink 墨水
notebook 笔记本

4 为什么用热水洗污渍更容易？

hot /hɒt/ 热
wash /wɒʃ/ 洗
plate /pleɪt/ 盘子

吃完饭后，油油的盘子和碗放在热水里清洗会方便很多，也比用冷水洗快得多，这是为什么呢？

盘子上的油脂，主要所含的物质叫作"三酸甘油酯"，它是脂肪酸和甘油脱水后形成的——这两种物质在我们的食物，特别是肉类中大量存在。三酸甘油酯最大的特点是不能跟水相溶，而脂肪酸和甘油本来都可各自溶于水，

快跑！快跑！热水来啦！

但是因为在食物制作的过程中发生了化学反应，形成了三酸甘油酯，随着温度下降，最后就凝固在盘子或餐具上面了。

不过，当温度提高到50~70摄氏度的时候，上面的这种化学反应会逆转过来，三酸甘油酯会在热水中较快地分解成脂肪酸和甘油。一般而言，这个过程中会有75%以上的三酸甘油酯被分解，再加上脂肪酸和甘油都容易溶解在水中，所以

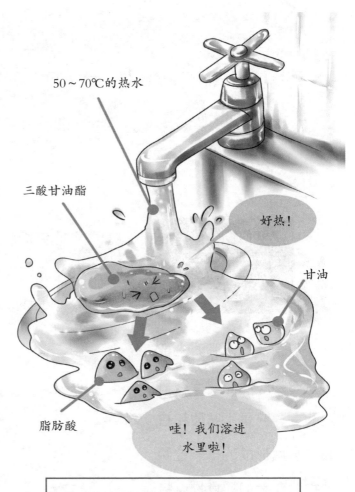

50~70℃的热水

三酸甘油酯

好热！

甘油

脂肪酸

哇！我们溶进水里啦！

＊三酸甘油酯（油脂的主要成分）在热水中被分解成脂肪酸和甘油，这两种物质比较容易溶解在水中。

盘子中的油脂，也就很容易被清洗掉了。

　　另外，像是不小心沾染在衣服上的颜料，基本上也是不溶于水的，但是当被弄脏的衣服浸泡在热水中时，由于温度升高，颜料中的分子随着温度的增加而能量增大，自身的运动速度也跟着大大加快，便很容易溶解到水中。还有，洗衣粉可以去除衣服上的脏污，是因为里面含有可以和颜料结合的化学成分，所以虽然颜料不溶于水，但是洗衣粉可以透过与它的结合，把它硬"拉"到水中，最后将污渍清洗干净。

脑力加油站

kitchen 厨房
cup 杯子
bowl 碗
spoon 勺子
fork 叉子
pan 平底锅
kitchen knife 菜刀

5 生鸭蛋怎么变成皮蛋？

呜……为什么你们都不相信我？

不会吧？

你也是鸭蛋？

鸭蛋和其他家禽下的蛋都一样，有着金色的蛋黄、透明的蛋清，但是为什么做成皮蛋之后，蛋黄和蛋清都变得很暗？皮蛋又是怎么做成的呢？

普通皮蛋的制作过程并不复杂，关键就在于裹在它外面的那一层"泥"。泥里面含有的物质有：生石灰、烧碱、纯碱、草木灰、盐以及少量地茶，全部用水调成适当的比例后，均匀地涂抹在

duck /dʌk/ 鸭子
egg /eg/ 蛋

鸭蛋的表面上，最后再在稻糠里面裹一下，把鸭蛋放在预先准备好的容器里，静置十天左右就变成皮蛋了。

变黑的代价

皮蛋的蛋黄和蛋清会呈现出很暗的颜色，是因为制作过程中内部发生了化学反应：鸭蛋本身富含蛋白质，裹了"泥"之后，日子一久，蛋白质就会分解成氨基酸，同时放出气体——就是那种臭鸡蛋味，叫作硫化氢。而裹在鸭蛋外面的那层"泥"中，含有铁、铜等微量元素，它们和硫化氢发生化学作用后，产生出硫化物。硫化物是黑色的，所以皮蛋里的蛋黄和蛋清就变成黑色的，这也是生鸭蛋变成皮蛋的基本过程。

另外，皮蛋也被叫作"松花蛋"，是因为包裹皮蛋的"泥"中，有碳酸钾和碳酸钠等物质，它们能透过蛋壳上的细孔，和硫化氢形成氨基酸盐，这种盐因为不能溶于蛋白，只能在蛋清表面结晶，就形成了漂亮的"松花"。

脑力加油站

皮蛋的由来有很多传说。据《益阳县志》记载，明朝初年在湖南省益阳县，一家人在一个偶然的机会下发现了皮蛋。当时这家人所养的鸭在家里的一个石灰卤里下蛋，这些蛋在两个月后被发现，剥皮而看，蛋白蛋黄皆已凝固。

6 为什么戴银饰去洗温泉会变黑？

silver /'sɪlvə/ 银
hot spring
/hɒt sprɪŋ/ 温泉

和妈妈一起去洗温泉时，如果她的银饰也泡在里面，你或许会发现，它可能会慢慢变成黑色，这是为什么呢？

首先，我们来看看银，它算是一种贵重的金属，平时处在普通环境中都比较稳

我最怕小偷了

我最怕温泉了。

……

定，不容易发生化学反应，这也是为什么古代人会把它作为日常使用的货币。

　　不过，稳定并不意味着完全没有化学反应产生。如果长期暴露在空气中，它还是会和空气中的含硫物质反应，产生黑色的硫化物，只是这种过程很缓慢，而且空气中的含硫物质也非常少。

　　再说说温泉。温泉对人的身体健康有益处，是因为其中含有很丰富的矿物质，例如钾、锌和钙等，当然也包括硫。温泉中的硫元素含量要比空气中多很多，而且因为温度很高，化学反应会进行得比较快速。于是，银饰里的银就和温泉中的硫化物发生反应，产生硫化银，上面便有了黑色的锈斑。

不过不用担心，想要去除很简单，只要用银油轻轻擦拭，让银和周围的环境隔离，不会产生化学反应，也就没有黑锈了。

脑力加油站

在古代中国，金、银、铜构成了货币的主要材料。那么你知道纸币是什么时候出现的吗？北宋时期，由于货币流通额增加，沉重的金属货币使用起来非常不便，于是政府许可发行了"交子"，这是中国，也是世界上最早的纸币。

7 为什么直头发可以烫卷？

有些女生，会将长头发烫成卷发，那么，长长的直发究竟是怎么被烫卷的呢？

hair /heə/ 头发
change /tʃeɪndʒ/ 改变

耶！
直发变卷发了！

汪……

大部分人的头发都是直的，但也有人天生就是卷发。另外，有的人头发很软，有的人头发比较硬，这些主要是由头发里的蛋白质决定的。

如果想要把头发烫卷，就要改变蛋白质的性质，其中最简单的一个方法，就是提高头发的温度。

所以，在发廊里，常常可以看到女性顾客坐在一个罩子下面，这个罩子会产生高温的蒸汽，使得头发温度上升，同时让头发表面布满水汽。

而在这个过程中，头发里的蛋白质会发生分裂，形成一些结构松散的化学物质，头发的形状也因此较容易改变。

暂时性的卷发

烫发前

美丽加热中……

烫发后

原来是"暂时性"的……

接着发型设计师利用各式发卷，固定出想要的发型后，再慢慢降低罩子里的温度，等到温度下降到一定程度，蛋白质又会重新结合，新的发型也就自然固定下来了。

不过，大部分人烫的卷发只是暂时性的，虽然烫发的时候也会用一些药水，使烫发前发丝之间保持黏性，但是过一段时间还是会失效。

脑力加油站

有个人头上秃得只有三根头发，要理发师（barber）为他编条辫子。理发师不小心弄掉了一根头发，没办法，只能拧麻花，谁知一不小心又弄掉了一根。此人大为光火："这下可好，我得披头散发了！"

奇妙科学大探索

酒也可以当汽油用吗？

过去很长一段时间里，几乎所有的汽车燃料都是汽油。但是随着科技的发展，开始有其他燃料被使用。那么，酒也可以当燃料使用吗？

我们都知道，想要驱动汽车，必须通过燃料的燃烧，像石油里，主要含有的元素是碳。酒之所以有酒的味道，是因为里面有乙醇，也就是俗称的"酒精"，酒精里也含有大量的碳元素，才让酒有可能成为燃料，燃烧的物质则是里面的乙醇。

呃……

可以天天喝酒，真好！

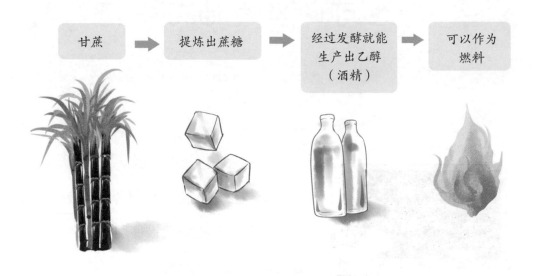

蔗糖转变成燃料的过程

甘蔗 → 提炼出蔗糖 → 经过发酵就能生产出乙醇（酒精） → 可以作为燃料

虽然用乙醇作为燃料听起来很新鲜，但其实有很多国家已经这样做了。巴西甚至在20个世纪20年代的时候就已经有了乙醇燃料，不过却是出于无奈。因为巴西石油资源稀少，却种植着大量甘蔗，甘蔗可以提炼出蔗糖，经过发酵后就能生产出乙醇。

奇妙科学大探索

可以作为燃料的乙醇，优点也很明显：首先，它在燃烧后，几乎不会产生二氧化氮和一氧化碳，这些都是汽油燃烧时的副产品，对空气污染很严重。另外，乙醇的成本也比汽油低。不过乙醇有一个缺点，就是它比较容易挥发，储存起来不是很方便，而且在挥发后，浓度会下降，开车时会觉得有些动力不足。

脑力加油站

The driver was drunk and drove the doctor's car directly into the deep ditch.

这个司机喝醉了，他把医生的车开进了一个大深沟里。

为什么往雪地里撒盐，雪就会融化？

只要大雪纷飞，道路上就会堆积起厚厚的雪层，给交通工具和行人带来很多不便。不过只要往雪里撒盐，就能让雪融化。这是为什么呢？

世界上大部分物质都有各自的凝固点，也就是

请不要把盐撒在我身上哦！

salt /sɔːlt/ 盐
slowly /ˈsləʊli/ 慢慢地
cloud /klaʊd/ 云

由液态变成固态的那个温度。纯水在大气压，也就是我们日常生活的空气压力下，凝固点是零摄氏度。

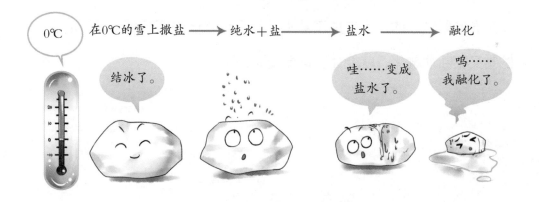

撒盐让雪融化的过程

0℃

在0℃的雪上撒盐 → 纯水＋盐 → 盐水 → 融化

结冰了。

哇……变成盐水了。

呜……我融化了。

因此，当温度降到零度或是更低时，云层中的水分落到半空中，就会结晶变成雪花。

有时候，我们看到的雪可能很厚很厚，但实际上它们并不是没有变化的，而是边凝固边融化，如果凝固的速度大于融化的速度，雪就会越积越厚；要是融化的速度超过了凝固的速度，那么雪堆就会慢慢消失。

盐当中主要含有一种叫作"氯化钠"的物质，它和纯水混合在一起，会形成盐水。盐水除了是咸咸的，跟纯水最大的不同，就是它的凝固点更低，可能达到摄氏零下四度。也就是说，往雪地里撒盐后，一些本来准备要结冰的纯水变成了盐水，凝固点降低进而不再凝固，而之前的雪又不断地融化，就能让雪堆慢慢消失了。

脑力加油站

郑板桥《咏雪》

一片二片三四片，
五片六片七八片；
千片万片无数片，
飞入梅花总不见。

10 为什么饭嚼久了会变得甜甜的？

如果问你米饭是什么味道，你很有可能会回答"没有味道"。但是细细嚼米饭久了，你就会渐渐发现，它变得甜甜的。这是为什么呢？

rice /raɪs/ 米饭
sweet /swiːt/ 甜的
sugar /ˈʃʊɡə/ 糖

妈！你在饭里面加了糖吗？

米饭会被我们当作主食，是因为稻米中有大量的淀粉能为我们提供能量。

不过淀粉不能被人体直接吸收，必须被分解成糖，再为各种生理活动提供动力。

米饭的消化，主要在胃中进行，因为胃里面有各种各样的酶。酶是一种具有生物催化功能的化学物质，又称酵素。我们的肠和胃都能分泌出酶，但是不是唯一有酶的地方，嘴巴里其实也有，可以帮助淀粉的分解。

嘴巴里的酶叫作"唾液淀粉酶"，从名字就能看得出来，它主要是在唾液里面。

当我们嚼米饭的时候，唾液会包裹在米粒的周围，这时，唾液淀粉酶也就开始起作用了。

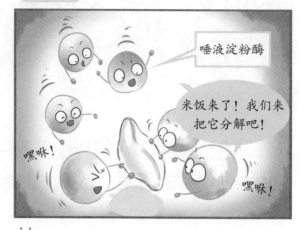

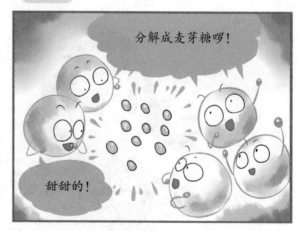

在这个过程之中，米饭中的淀粉会转变成一种叫作"麦芽糖"的糖类物质，而麦芽糖是甜的，这就是为什么我们嚼米饭嚼久了，会觉得甜甜的。

另外，像是馒头等面食，嚼久了也会觉得甜甜的，原理跟米饭一样。

所以，总的来说，只要含有淀粉的食物，在嘴巴里面嚼久了，都会感觉出甜味。

脑力加油站

taste 味道
salty 咸
bitter 苦
sour 酸
hot 辣
fresh 鲜

Part 5

奇妙的光影世界

光到底是什么颜色?

晴天的时候，阳光照在身上好像是金色的；阴天的时候，光仿佛变成了灰色；傍晚的时候，光似乎还有点蓝色。光到底是什么颜色呢？

colour /'kʌlə/ 颜色
golden /'gəʊldən/ 金色
grey /greɪ/ 灰色
blue /bluː/ 蓝色

要说光的颜色之前，我们先来看看，光到底是一种什么东西。光的本质其实是一种能量传递的方式，这也就是为什么当阳光照在身上时，我们会觉得温暖。太阳透过光把它的能量传递给我们，光也就是一种辐射出来

光……
是黑色的吗?

的波。我们之所以能分辨颜色，是因为光波照在物体上后，光又反射到我们眼睛里，而不同的光波就会有不同的颜色，至于颜色会有不一样，是因为光波有不同的波长。

知道光是什么后，现在来说说光的颜色吧。人的眼睛大概能分辨150种左右的颜色，但都是以牛顿发现的红、橙、黄、绿、蓝、靛、紫七种颜色为基础，在它们

奇妙科学大探索

相互搭配、混合下，才会有如此缤纷的世界。

　　光，更准确地说是"自然光"，它的唯一来源是太阳，由上面七种颜色的光混合在一起所产生，而其中只要红、蓝、绿三种色光便可组成白光，我们称之为光的"三原色"。当波长不同的光一起直接照射，进入眼睛的时候，我们就能感受得到颜色。因此，光的颜色并不是人所能分辨的150种中的任何一种，它只是一种混合的产物。

脑力加油站

Betty and Bob brought back
blue balloons from the big bazaar.
贝蒂和鲍勃在大型的义卖
市场买了蓝色气球回来。

2

为什么彩虹有七种颜色？

rainbow
/'reɪnbəʊ/ 彩虹
bridge /brɪdʒ/
桥

雨后，我们有机会看到彩虹，它有七种颜色，像一座美丽的桥，可是彩虹为什么会有这么多的色彩呢？

我们平时所见到的自然光，看起来似乎没有任何颜色，但实际上是由七种颜色（红、橙、黄、绿、蓝、靛、紫）混合而成。第一个弄清楚光奥秘的人是牛顿，他让自然光照射在一个三棱镜上面，由于不同颜色的光

在遇到玻璃面后，会产生不同角度的偏折，所以当自然光穿过三棱镜后，七种颜色就像散开的烟花一样，以各自的角度继续向前，在到达三棱镜后面的白色挡板时，就显现出不一样的七种色彩。

下过雨后，雨虽然停了，还是会有很多小水珠悬浮在空中，它们就像无数个三棱镜，当阳光照射到水珠上时，就会被自动分解成七种不同的颜色，而这个时候，天空就像一块纯白的幕布，展示出美丽的景色。

牛顿发现了
彩虹形成的原因

奇妙的光影世界

彩虹的七种颜色层次分明，几乎每一种的宽度都是一样，也没有相互重叠，这是因为它们在水珠中的折射角度不一样，最大的红色是42度，最小的蓝色是40度，其他的则在这个范围里依序均匀排开，就形成了我们看到的彩虹。

脑力加油站

　　在希腊神话中，伊里斯（Iris）是宙斯的使者、彩虹女神。古希腊人认为，彩虹是连接天和地的，故伊里斯就被认为是神和人的中介者，她负责将人的祈求、幸福、悲哀、怨怒、祝福传递给神。她从东飞到西替众神向生灵传递消息，当她在天空匆匆飞过时会留下一道色彩，形成彩虹。

3

为什么近视之后戴眼镜，就能看清楚了？

终于看清楚书上的字了。

glasses /'glɑːsɪz/ 眼镜
eye /aɪ/ 眼睛
see /siː/ 看

近视的人很难看清远处的东西或是字迹，必须要贴得很近才能分辨出来，不过在戴上眼镜后，就能恢复和正常人一样的视力，这是为什么呢？

凸透镜是一种光学的原件，许多束平行的光线穿过凸透镜的镜面后，会聚集到一个叫作"焦点"的点上。而眼睛就像是一个凸透镜，我们之所以能够看到物体，是因为物体上有光反射到眼睛。这些光在穿过眼球后，会聚集到视网膜上面，便显现出我们透过眼睛所看到的东西。

我们出生时，眼球的厚度和形状都处于一种最合适的状态，视力自然也最好。但是很多人在长大后，因为工作或学习的关系，用眼过度，导致眼球这个"凸透镜"更加的凸出，后果就是光照射在眼球上后，不会再聚集到视网膜上，而是聚集在它前面一点的地方，自然就看不清楚东西了。

戴上近视眼镜（凹透镜）后，就相当于重新调节了

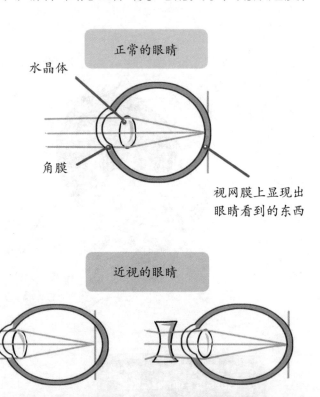

正常的眼睛

水晶体

角膜

视网膜上显现出眼睛看到的东西

近视的眼睛

没有矫正时看不清楚

戴上近视眼镜矫正后就能看清楚了

眼睛的凹凸度，当光通过眼镜的镜片，就能聚集在一个比较靠后的位置。而不同度数的镜片厚度，能调节到不同的位置，只要选择一个最适合自己的镜片，就能让光聚集在视网膜上，自然也就能看得清楚东西了。

脑力加油站

五官：
eye 眼睛
nose 鼻子
mouth 嘴
ear 耳朵
eyebrow 眉毛

4

海市蜃楼是怎么回事？

宽广的海面上本来一望无际、十分安静，但是却渐渐浮现出房子、树木甚至是街道，如果仔细聆听，似乎还能听到嘈杂的声音，不过过一会儿它们又全部消失了，这究竟是怎么回事呢？

我不是真的哦！

street /striːt/ 街道
silent /ˈsailənt/
安静
house /haʊs/ 房子

这种浮在海面上、像仙境一样的自然现象，叫作"海市蜃楼"。一般来说，物体反射到我们眼睛里的光，都是沿着直线传

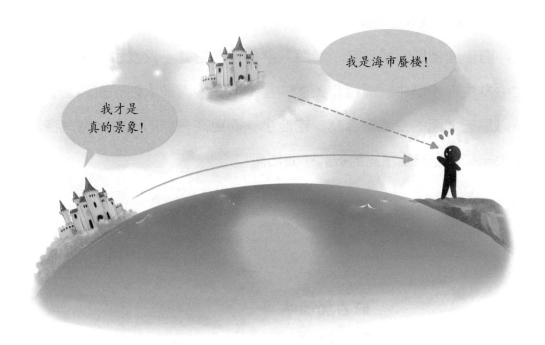

播过来，但是光的直线传播是有条件的，那就是必须在密度均匀的介质当中才行。如果在密度不同的两种介质中传播，就会发生折射现象。

海洋中，靠近岸边和海面的空气温度较低、密度较大；远离海岸和海面的地方，空气的温度较高且密度较小。这样一来，当远处某个海岛的光反射过来时，它并不会直线前进，而是在两种不同密度的空气交界处，发生了折射。这种折射改变了光的路线，让光产生了一定角度的偏折，方向改为向着天空，范围大概在15~25度左右。这时，当我们站在

奇妙的光影世界

岸边，就能看到远处某个地方，甚至是人们的活动情况和花草树木了，而且这些景象就浮在海面上。

海市蜃楼里面虽然有个"海"字，但是它并不只发生在海上，也会发生在沙漠中，原理和上述的差不多：沙漠被太阳一直照射，所以靠近地面的空气温度高、密度小，而更高一点的地方，空气密度大一些，便产生了光的折射和海市蜃楼。

脑力加油站

我国有许多沿海地区都出现过海市蜃楼的景象。观赏海市蜃楼的最佳地点是山东省长岛县。资料显示，长岛是我国海市蜃楼出现最频繁的地域，特别是七八月间的雨后。此外，广东省惠来县也因海市蜃楼的频频出现而广为人知。

为什么会有月食？

不管是圆的还是弯的，只要天气不错，月亮都会挂在天上，但是有时候，一轮满月会一点一点地消失，我们把这个现象叫作"月食"。那么，为什么会有月食呢？

首先，我们要弄清楚月亮是怎么发光的。月亮

月亮被我吃掉了！

moon /muːn/
月亮

本身其实不会发光，它的光芒是来自于太阳光的反射，所以就算是在夜晚，也能看到它像一盏灯般明亮。月亮作为地球的卫

月食和日食

日食：月球挡住太阳光
月食：地球挡住太阳光

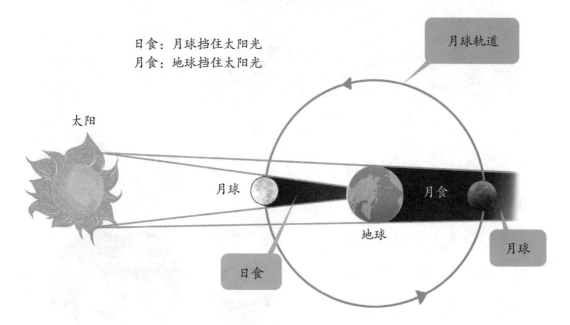

星，它会绕着地球以约三十天为周期旋转，而地球作为太阳系的成员，也会绕着太阳公转，周期是一年。

太阳、月亮、地球都在各自的轨道上运行，尽管很少见，但有时候它们也会刚好都处在一条直线上。当地球位于直线的中间——即被夹在太阳和月亮之间时，它会挡住来自太阳照射在月亮上的光，此

bright /braɪt/ 明亮
shadow /ˈʃædəʊ/ 阴影

时，地球上有一半的人处于夜晚当中，他们就会看到月亮一点点地、呈弧形状态被侵蚀，这就是月食产生的原理。

　　有月食，自然也就会有日食。两者产生的道理其实差不多，只不过日食的时候，换成月亮运行到直线的中间，会在一段时间内挡住太阳光，而在地球表面形成一块阴影。这时，处在阴影中的人们，就会看到太阳慢慢在天空中消失又重新出现。

脑力加油站

　　在古代民间，人们看到月亮慢慢消失，以为是天狗吃了月亮，所以月食也被称作"天狗吞月"。每逢月食，老百姓们便敲锣打鼓、燃放爆竹，目的是把天狗吓跑。

奇妙的光影世界　　**143**

6

为什么用"拍立得"照相可以立刻拿到照片？

无论是传统的胶片相机，还是现在的数码相机，从拍摄到相片被洗出来，总要花上一些时间，短则几个小时，长的甚至要一天。然而拍立得却几乎一两分钟就可以洗出照片，它为什么会这么快呢？

事实上，拍立得的镜头、快门以及闪光灯等，都和普通相机没有很大的区别，关键之处就在于它的相纸。用过拍立得的人都知道，它的相纸比较厚，不像胶卷只是薄薄的一层。拍立得的相纸被分为两层，其中一层就是我们能看到影像的相纸，而另外一层则包含着各种化学元素——在黑暗中它们相互之间不会发生化学反应，

photo /ˈfəʊtəʊ/ 照片
film /fɪlm/ 胶卷
camera /ˈkæmərə/ 相机

但等到拍立得拍照时，相纸会受到挤压，这些化学物质会被均匀地涂抹到表层，并在外界的光的帮助下，迅速地发生化学反应，从而在相纸上成像，并在几分钟内就可以形成最终的照片。另外，在拍照之后，人们通常还会将相纸用力地甩，这是为了让显影液中的化学物质更快融合，也更快成像。

简单来说，拍立得是把在暗室里的工作进行了简化。在暗室里，摄影师可以对化学反应进行一定的控制，以让照片达到最佳的效果，而拍立得则是在短时间内完成洗照片的"基本"流程，因此，最后洗出的照片在品质上会有一定的欠缺。

脑力加油站

take a photo / picture 拍张照片

此外，动词photograph也有拍照的意思。

奇妙的光影世界

为什么卡通人物能动起来？

7

漫画书里面的人物都是静止不动的，但是当一部漫画被拍成卡通片，那些卡通人物是怎么动起来的呢？

首先，我们要了解一种让电影成为可能的现象：视觉暂留。人在观察物体的时候，光信号传入到大脑中进而产生影像，不过当光信号消失后，影像并不会马上消失，而会停留1/24秒，这就是"视觉暂留"。也就是说，要让电影看起来是连续而没有中断的，那么一秒钟之内就必

cartoon
/kɑˈtuːn/
卡通

奇妙科学大探索

卡通人物的动作分解图

在小书的每一页各画一个动作分解图，连续翻页就会让人物动起来。

须要有24幅画面——用专业的术语来说，是24帧画面。

卡通片和电影在原理上是没有区别的，只不过电影里的演员是真人，卡通片里的人物是被动画师画在纸上而已。

举个例子：如果在卡通片中，想要表现一个人在一秒钟里的动作，那就要把他的动作分解成24个画面，分别画在24张纸上面，之后按照顺序，用摄影机在一秒钟内进行拍摄，我们就能看到卡通人物真的动了起来。

按照传统的卡通动画制作方法，每一帧画面都是手工绘制的，也就是说短短一分钟的动画，就需要1440幅手绘画，工作量十分巨大。不过现在有了计算机的帮助，动画的制作方便了很多，只要画出卡通人物，通过专门的软件，就可以做出其他所有的动作，而不用一幅一幅地去画了。

movie /ˈmuːvi/ 电影
paper /ˈpeɪpə/ 纸
draw /drɔː/ 画画

脑力加油站

说起动画电影，小朋友们一定都很熟悉"迪斯尼"（Disney）这个名字。很多经典的卡通人物都出自迪尼斯的动画电影，比如唐老鸭、米老鼠、小人鱼爱丽儿、小熊维尼，等等。

8

真的有人可以隐形吗？

奇幻电影里，主角戴上一枚神奇的戒指，或者是披上一件斗篷，甚至只是念了一句咒语，就可以瞬间隐形，这种事情在世界上真的存在吗？

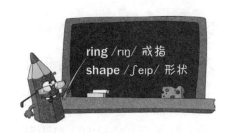

ring /rɪŋ/ 戒指
shape /ʃeɪp/ 形状

哈哈！
我隐形了！

失败的隐形术

要想知道人可不可以隐形，我们先要知道人是怎么看见东西的。人之所以有视觉，是因为各种物体有光反射到我们的眼睛里。有的东西能自己发光，像是太阳和台灯；大部分的物体无法自行发光，必须靠反射其他的光来显示出自己的形状。

所以，如果想要隐形，就必须做到能吸收光，让光照射在自

己身上后不再反射出去，别人的眼睛自然也就看不到了。

国外的科学家曾经真的制造出一件可以吸收光的"斗篷"，它是用特殊材料做成，穿上后能在一定范围内有隐形的效果。不过这件斗篷有很多缺点，例如：周围光线要比较暗、观察的人必须在15米距离外，以及要携带电池等，所以实用性并不大。

奇妙的光影世界

人类的身体，决定了人靠自身条件，是不可能实现隐形的，而在动物界中，也没有真正可以隐形的，就算是水母，也只不过是很透明而已。所以，到目前为止，世界上并没有人能够真正地隐形，一切都还只是幻想而已。

脑力加油站

英国作家托尔金的史诗奇幻小说《魔戒》（The Lord of the Rings，又译作《指环王》）就是围绕几枚戒指展开的，其中的"至尊魔戒"戴上后就可以让人隐形。根据这部小说改编的电影也非常精彩，并收获了多项奥斯卡奖。

9

为什么盯着绿色看一阵子，再看白色会变成红色？

如果盯着一张绿色的纸看一阵子，再把视线转向一张白纸，会发现白纸变成了红色，这是为什么呢？

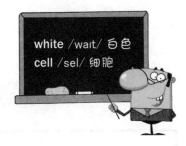

white /waɪt/ 白色
cell /sel/ 细胞

小心哦！盯太久会变成斗鸡眼。

上述的情况，是一种叫作"互补色"的现象。在光学中，当两种颜色的光以适当比例混合时，若能产生白色的感觉，那么这两种颜色就被称为互补色，而绿色和红色就是一对互补色。当我们盯着绿色看很长一段时间，眼睛已经习惯于接受绿色光线，这时如果突然转向看白色的纸，由于一时间还不适应白色这种色彩，所以无法观察到绿色，那就只能看到另外一种混合在其中的颜色——红色。

关于以上的现象，还有一种更为深入的解释，那就是眼球中的细胞在起作用。当人长久观察绿色的时候，眼球中绿色感光敏感细胞会变得"懒惰"，因为反正我们的视线没有变化，它们也就不需要"工作"，

你也来试试看互补色现象

1. 先盯着小绿人看几分钟。

2. 看完小绿人后再看这个空白的地方。

小绿人变成红色了！

敏感度因此大大下降。而当我们突然看向白色物体时，它们还来不及反应（敏感度很低），所以就根本看不到绿色。互补色中的另外一种颜色——红色，由于眼球中的红色敏感细胞敏感度正常，便会在短时间内占领我们的视线，不过，等到绿色敏感细胞慢慢反应过来后，眼睛就又能看到白色了。

脑力加油站

green首字母大写的话就是一个姓氏——格林（Green）。除了表示绿色之外，green也有环保的意思，例如：

He posed a green political view. 他提出一个主张保护环境的政见。

此外，green也有"不成熟、缺乏经验"的意思。例如：

The young man is still green at his job. 这个年轻人对自己的工作尚无经验。

10

为什么筷子放在水里看起来像折断了?

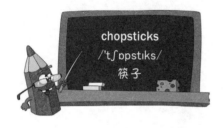

chopsticks
/'tʃɒpstɪks/
筷子

呵呵,不用超能力也能把汤匙变弯!

　　在碗里装满水,然后把一支筷子放进去,本来是直直的筷子就变弯了,看起来就像被折断了,可是从水里拿出来后,又变得完好如初,这是为什么呢?

　　光线在不同的介质中,传播速度不一样。水和空气是两种不同的介质,光在空气中传播得快一些,到了水中,速度会下降四分之

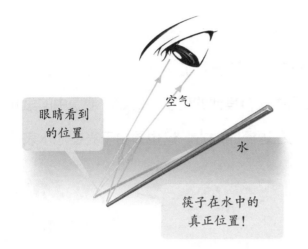

眼睛看到的位置

空气

水

筷子在水中的真正位置!

一。而由于速度的不同，就会造成一种现象，那就是光在两种介质的交界处，会产生方向的变化——当光从空气进入水中的时候，它不再沿着直线前进，而是偏向靠近水面的方向。

也就是说，光不是沿着直线冲向水底，而是稍向上扬起了一些。于是，经过偏折后的光照射到水中的筷子，再反射到我们的眼睛中，这个时候，眼睛会被这种现象所"欺骗"，留在水中的那一部分筷子仿佛也向上翘起。不过由于空气中的筷子还是处于正常状态，所以整支筷子看

speed /spi:d/
速度

起来，就好像是在水面和空气交界处被折断了。

　　这种类似的现象，在生活中还有其他的例子，例如：池塘中的鱼儿看起来离水面很近，实际上它在更深的地方，这也是由于光在池水表面产生折射而带来的错觉。

脑力加油站

　　截至2013年年底，跑得最快的人类仍然是牙买加飞人博尔特，他跑完100米仅需不到10秒钟，时速约为37千米。而动物界跑得最快的则是猎豹，时速能达到110千米。当然，这些速度比起每秒能跑30万千米的光来说，都像蜗牛一样。